上

膜结构技术标准

Technical standard for membrane structures

DG/TJ 08－97－2019
J 10209－2020

主编单位:同济大学
　　　　　华东建筑设计研究院有限公司
　　　　　上海建筑设计研究院有限公司
批准部门:上海市住房和城乡建设管理委员会
施行日期:2020 年 6 月 1 日

同济大学出版社

2020　上海

图书在版编目(CIP)数据

膜结构技术标准/同济大学,华东建筑设计研究院
有限公司,上海建筑设计研究院有限公司主编.--上海:
同济大学出版社,2020.6

ISBN 978-7-5608-9198-9

Ⅰ.①膜… Ⅱ.①同… ②华… ③上… Ⅲ.①薄膜结
构—技术标准—上海 Ⅳ.①TU33-65

中国版本图书馆 CIP 数据核字(2020)第 038008 号

膜结构技术标准

同济大学

华东建筑设计研究院有限公司 主编

上海建筑设计研究院有限公司

策划编辑 张平官

责任编辑 朱 勇

责任校对 徐春莲

封面设计 陈益平

出版发行 同济大学出版社 www.tongjipress.com.cn

(地址:上海市四平路 1239 号 邮编:200092 电话:021-65985622)

经　销　全国各地新华书店

印　刷　浦江求真印务有限公司

开　本　889mm×1194mm　1/32

印　张　2.75

字　数　74 000

版　次　2020 年 6 月第 1 版　2020 年 6 月第 1 次印刷

书　号　ISBN 978-7-5608-9198-9

定　价　25.00 元

上海市住房和城乡建设管理委员会文件

沪建标定〔2019〕39 号

上海市住房和城乡建设管理委员会
关于批准《膜结构技术标准》为上海市
工程建设规范的通知

各有关单位：

由同济大学、华东建筑设计研究院有限公司和上海建筑设计研究院有限公司主编的《膜结构技术标准》，经我委审核，现批准为上海市工程建设规范，统一编号 DG/TJ 08－97－2019，自 2020年 6 月 1 日起实施，原《膜结构技术规程》(DGJ 08－97－2002)同时废止。

本规范由上海市住房和城乡建设管理委员会负责管理，同济大学负责解释。

特此通知。

上海市住房和城乡建设管理委员会
二〇二〇年一月十七日

前　言

　　本标准是根据上海市城乡建设和交通管理委员会《关于印发〈2014 年上海市工程建设规范和标准设计编制计划〉的通知》（沪建交〔2013〕1260 号）的要求,标准编制组在经过广泛调研和征求意见的基础上,由同济大学、华东建筑设计研究院有限公司和上海建筑设计研究院有限公司会同有关单位对《膜结构技术规程》DGJ 08－97－2002 进行修订而成。

　　本次修订保持了原规程共 9 章的内容,包括:总则;术语和符号;材料;设计一般规定;结构设计;连接和节点设计;制作和安装;工程验收;维修和保养。

　　本次修订的主要内容包括:①取消原规程的强制性条文;②增加了 ETFE 膜结构相关内容,包括材料参数、设计要求、制作与施工安装要求等;③增加了 ePTFE 膜结构相关内容;④完善了充气膜结构相关内容,包括结构体系、设计要求等;⑤完善了PTFE、PVC 织物膜结构相关内容。

　　本标准在修订过程中,通过书面和讨论会的形式向本市和外地有关设计单位、高等院校、科研院所、生产厂家等单位广泛征求意见后,形成本标准。

　　各单位及相关人员,在执行及应用本标准过程中,注意总结经验、积累资料,对需要修改和补充之处,请将意见和资料函告华东建筑设计研究院有限公司(地址:上海市南车站路 600 弄 18 号;邮编:200011),或上海市建筑建材业市场管理总站(地址:上海市小木桥路 683 号;邮编:200032;E-mail:bzglk@zjw. sh. gov. cn),以便修订时参考。

主 编 单 位:同济大学

华东建筑设计研究院有限公司

上海建筑设计研究院有限公司

参 编 单 位:上海交通大学

同济大学建筑设计研究院(集团)有限公司

上海市机械施工集团有限公司

上海太阳膜结构有限公司

柯沃泰膜结构(上海)有限公司

上海海勃膜结构有限公司

上海泰恩特膜结构有限公司

北京中天久业膜建筑技术有限公司

广东坚宜佳五金制品有限公司

巨力索具股份有限公司

上海同磊土木工程技术有限公司

上海维立凯膜材料有限公司

浙江精工钢结构集团有限公司

上海奇禹空间结构技术有限公司

山东泰山体育工程有限公司

主 要 起 草 人:张其林　李亚明　崔家春　吴明儿

（以下按姓氏笔划排序）

丁洁民　王海明　卞志勇　任思杰　刘中华

巫燕贞　李　凯　李中立　杨　超　杨宗林

邱枕戈　张　英　张伟育　张艳琪　陈世平

陈务军　陈晓明　尚景联　罗晓群　耿金彪

主 要 审 查 人:姚念亮　吴欣之　梁淑萍　巢　斯　龚景海

蔡兹红　周　健　王敏华

上海市建筑建材业市场管理总站

2019 年 11 月

目　次

1　总　则 ……………………………………………………… 1

2　术语和符号 ………………………………………………… 2

　　2.1　术　语 ……………………………………………… 2

　　2.2　符　号 ……………………………………………… 5

3　材　料 ……………………………………………………… 6

　　3.1　一般规定 …………………………………………… 6

　　3.2　膜　材 ……………………………………………… 6

　　3.3　配　件 ……………………………………………… 8

　　3.4　支承结构 …………………………………………… 9

4　设计一般规定 …………………………………………… 10

　　4.1　设计的基本原则 …………………………………… 10

　　4.2　荷载与荷载组合 …………………………………… 11

　　4.3　建筑设计 …………………………………………… 11

5　结构设计 ………………………………………………… 15

　　5.1　一般规定 …………………………………………… 15

　　5.2　结构体系 …………………………………………… 17

　　5.3　初始形态设计 ……………………………………… 19

　　5.4　荷载效应分析 ……………………………………… 19

　　5.5　裁剪设计 …………………………………………… 20

6　连接和节点设计 ………………………………………… 22

　　6.1　一般规定 …………………………………………… 22

　　6.2　膜片连接的构造设计 ……………………………… 23

　　6.3　膜面与支承结构连接的构造设计 ………………… 24

　　6.4　膜面与风管、门禁连接的构造设计 ……………… 34

7 制作和安装 ·· 36
　7.1 制作技术要求与条件 ···················· 36
　7.2 材料检验 ·· 37
　7.3 膜片的裁剪、连接和节点制作 ········· 37
　7.4 制作成品膜体的包装和运输 ·········· 38
　7.5 安装施工准备 ································· 39
　7.6 膜的安装 ······································· 40
　7.7 安装质量要求 ································· 42
　7.8 保护清洁 ······································· 42
8 工程验收 ··· 43
　8.1 基本规定 ··· 43
　8.2 制作分项工程 ································· 44
　8.3 安装分项工程 ································· 45
9 维修和保养 ·· 47
本标准用词说明 ··· 50
引用标准名录 ·· 51
条文说明 ··· 53

Contents

1 General provisions ·· 1
2 Terms and symbols ·· 2
  2.1 Terms ··· 2
  2.2 Symbols ··· 5
3 Materials ··· 6
  3.1 General requirements ································· 6
  3.2 Membrane materials ·································· 6
  3.3 Accessory materials ·································· 8
  3.4 Supporting structure materials ·············· 9
4 General design requirements ······················· 10
  4.1 Basic principles ·· 10
  4.2 Loads and combinations ························· 11
  4.3 Architectural design ································· 11
5 Structural design ·· 15
  5.1 General requirements ······························ 15
  5.2 Structural systems ·································· 17
  5.3 Form-finding ··· 19
  5.4 Load case analysis ·································· 19
  5.5 Cutting pattern design ···························· 20
6 Connection and joint design ·························· 22
  6.1 General requirements ······························ 22
  6.2 Connection design of membrane sheets ·········· 23
  6.3 Design for connection of membrane and supporting
     structure ·· 24

6. 4   Design for connection of membrane with air pipe and access control ･････････････････････････････････････ 34

7   Fabrication and installation ･･･････････････････････ 36

   7. 1   Requirements and condition for fabrication ･･････････ 36

   7. 2   Material inspection ･･･････････････････････････ 37

   7. 3   Cutting, connecting and fabricating of membrane sheet ･･･ 37

   7. 4   Packaging and transportation of membrane surface ･･･ 38

   7. 5   Installation and construction preparation ･･････････ 39

   7. 6   Installation of membrane surface ････････････････ 40

   7. 7   Installation quality requirements ････････････････ 42

   7. 8   Protection and cleaning ･･･････････････････････ 42

8   Project acceptance ･･･････････････････････････････ 43

   8. 1   General requirements ･･･････････････････････････ 43

   8. 2   Fabrication sub-project ･･････････････････････ 44

   8. 3   Installation sub-project ･･････････････････････ 45

9   Repair and maintenance ･･････････････････････････ 47

Explanation of wording in the standard ･･････････････ 50

List of quoted standards ･････････････････････････････ 51

Explanation of provisions ･･･････････････････････････ 53

1 总　则

1.0.1　为了在膜结构的设计与施工中,做到安全可靠、技术先进、经济合理,根据上海地区技术经济的发展要求,特制定本标准。

1.0.2　本标准适用于膜结构的设计、制作、安装、验收及维护。

1.0.3　设计膜结构时,必须根据设计条件进行计算分析,严禁盲目套用其他膜结构的设计或计算结果。对超过本标准规定的膜材、配件等应按相关规定进行试验及论证。

1.0.4　膜结构的设计、制作、安装、验收及维护,除应符合本标准要求外,尚应符合国家和本市现行有关标准的规定。

2 术语和符号

2.1 术 语

2.1.1 膜材 membrane material

由基材和聚合物涂层构成的涂层织物或功能层复合织物,以及由高分子聚合物制成的薄膜。

2.1.2 基材 base layer

由玻璃纤维或聚酯纤维等纱线织成的高强度织物。它是膜材的主要组成部分,主要承受载荷作用。

2.1.3 涂层 cover layer

涂敷在基材上,起保护基材作用的聚合物层。

2.1.4 面层 top coat

保护基材免受紫外线侵蚀、具有自洁性的表面涂层或复合功能层。

2.1.5 膜片 membrane sheet

膜材的裁剪片称为膜片。

2.1.6 膜面 membrane surface

张拉并安装就位于支承结构上的膜材。

2.1.7 膜面单元 membrane surface component

由膜片连接加工而成,在膜结构中由柔性边界或刚性边界围起的膜面。

2.1.8 膜面单元名义尺度 nominal dimension of membrane surface component

确定各膜面单元内膜面相对法向位移时用到的膜面单元尺度,对于三角形膜面单元定义为最小边长的2/3;对于四边形膜面

单元定义为通过最大位移点的最小跨度。

2.1.9 膜结构 membrane structure

由膜面和支承结构共同组成的建筑物或构筑物。

2.1.10 张力膜结构 tensile membrane structure

由膜面与索通过施加预张力形成具有一定刚度的稳定曲面,从而能够承受一定外荷载与作用的膜结构。

2.1.11 充气膜结构 air-inflated membrane structure

利用充气方式使膜面内外产生压力差和膜面张力,从而保持稳定的膜面形态和刚度的膜结构。

2.1.12 气承式膜结构 air-supported membrane structure

利用单层或多层曲面膜与支承面形成密闭空间,使用充气设备和压力控制系统维持膜面内部空间的稳定气压,利用膜面内部气压保持稳定的曲面外形和结构刚度,并抵抗外部荷载的膜结构形式。对大跨度气承式膜结构,可采用索网等措施加强膜结构刚度和稳定性。

2.1.13 气肋式膜结构 air beam membrane structure

由充气圆管通过特定的组合方式连接形成一个整体受力体系,并与基础可靠连接,使用充气设备维持内部的稳定气压,利用内部气压抵抗外部荷载的膜结构形式。

2.1.14 气枕式膜结构 air cushion membrane structure

利用双层或多层薄膜组成封闭空间的充气膜结构,通过充气设备和压力控制系统维持气枕内的稳定气压,利用气枕内部气压抵抗外部荷载的膜结构形式。气枕式膜结构一般是由多个气枕单元组合而成,常以围护系统出现,支承在主要承重结构体系之上。

2.1.15 开合式膜结构 retractable membrane structure

利用机械方式使膜面或连同支承构件一起开启和闭合的膜结构。

2.1.16　柔性支承结构体系　cable-supported membrane structure

膜面支承于索结构,膜面与支承索结构共同作用的结构体系。

2.1.17　刚性支承结构体系　frame-supported membrane structure

膜面支承于钢、铝、混凝土等材料构成的刚性结构上的结构体系。

2.1.18　混合支承结构体系　hybrid-supported membrane structure

膜面支承于刚性结构与索结构共同组成的结构上的结构体系。

2.1.19　初始形态设计　form-finding

根据建筑要求,寻找膜结构在预张力状态下的初始平衡形状的过程,也称为"找形"。

2.1.20　初始形态　initial state of form and stress

膜结构在预应力施加完毕后的自平衡状态。

2.1.21　荷载效应分析　loading case analysis

基于找形分析确定的初始平衡状态,对膜结构在设计荷载作用下的受力和变形性能进行计算。

2.1.22　裁剪设计　cutting pattern

确定膜面上的裁剪线以及生成膜面上各个裁剪膜片的过程。

2.1.23　预张力　pretension force

以机械或其他方法,预先施加于拉索或膜面单元上的力。

2.1.24　正常工作内压　normal operating pressure

充气膜结构在正常使用时的充气压力,其值介于最小工作内压与最大工作内压之间。

2.1.25　最大工作内压　maximum operating pressure

充气膜结构在极端天气条件时使用的最大充气压力值。

2.1.26　最小工作内压 minimum operating pressure

充气膜结构保持结构体系稳定性所需的最小充气压力值。

2.1.27 索 cable

由索体与锚具组成的受拉构件,其中索体可以为钢丝束、钢绞线、钢丝绳、钢缆绳等。

2.1.28 脊索 ridge cable

在膜脊处支承膜面的索称脊索。所谓膜脊是指不同区域膜面在较高位置上的交汇处。

2.1.29 谷索 valley cable

在膜谷处支承膜面的索称谷索。所谓膜谷是指不同区域膜面在较低位置上的交汇处。

2.1.30 第一屈服点 first yield point、第二屈服点 second yield point

E类膜材应力-应变曲线上两个不同转折点。

2.2 符 号

F_k——膜材的抗拉强度标准值;

F_{min}——膜材的预张力最小值;

f——对应最大主应力部位的膜材强度设计值;

f_k——对应最大主应力部位的膜材强度标准值;

p——充气膜结构中的内压值;

t——膜材的厚度;

ζ——膜材强度折减系数;

γ_R——膜面抗力分项系数;

σ_{min}——各种荷载组合下主应力的最小值;

σ_{max}——各种荷载组合下主应力的最大值;

σ_p——维持曲面的初始形态设计最小应力值。

3 材　料

3.1　一般规定

3.1.1　膜材应根据建筑功能、使用年限、结构跨度、承受的荷载、防火要求及建筑物所处环境等条件进行选择。

3.1.2　膜结构配件应根据膜结构的受力特点、使用要求、制作安装要求等因素进行选择。

3.2　膜　材

3.2.1　本标准中使用的膜材，按其材料构成分为以下四类：

　　G类：在玻璃纤维织物基材表面涂覆聚合物连续层的涂层织物。

　　P类：在聚酯纤维织物基材表面涂覆聚合物连续层并附加面层的涂层织物或功能层复合织物。

　　E类：由乙烯和四氟乙烯共聚物制成的ETFE薄膜。

　　eP类：在膨体聚四氟乙烯纤维织物基材表面涂覆氟聚合物连续层的涂层织物。

3.2.2　G类、P类和eP类膜材的基材和涂层材料除应符合本标准规定外，尚应符合国家现行有关标准的规定。

3.2.3　设计时，膜材的参数应包括基本质量、抗拉强度、断裂延伸率、弹性常数、泊松比、剪切模量和耐候性能参数。膜材的参数应根据承包商提供并且经具备检测资质的检测机构出具的产品性能报告确定。

3.2.4　G类、P类、eP类膜材的抗拉强度标准值应按现行上海市

工程建设规范《膜结构检测标准》DG/TJ 08－2019 规定的方法通过经向、纬向的单轴拉伸试验。

3.2.5 G 类、P 类、eP 类膜材潮湿时的抗拉强度标准值应达到正常时的 80%，G 类膜材高温时的抗拉强度标准值应达到正常时的 80%，P 类膜材高温时的抗拉强度标准值应达到正常时的 70%，eP 类膜材高温时的抗拉强度标准值应达到正常时的 60%。G 类、P 类、eP 类膜材经向与纬向抗拉强度的较小者不应小于较大者的 80%。

3.2.6 E 类膜材的极限抗拉强度标准值、第一屈服强度标准值和第二屈服强度标准值可按表 3.2.6 采用，也可按现行上海市工程建设规范《膜结构检测标准》DG/TJ 08－2019 规定的试验方法确定。

表 3.2.6 E 类膜材第一、第二屈服强度及
极限抗拉强度标准值（N/mm²）

第一屈服强度标准值	第二屈服强度标准值	极限抗拉强度标准值
16.3	22.5	36.8

3.2.7 G 类、P 类、eP 类膜材，经向与纬向断裂延伸率的较小者不宜小于较大者的 60%。

3.2.8 G 类、P 类、eP 类膜材的弹性常数、泊松比、剪切模量可采用生产企业提供的数据或按现行上海市工程建设规范《膜结构检测标准》DG/TJ 08－2019 规定的双轴试验方法确定。在方案设计阶段，可按表 3.2.8 选用。

表 3.2.8 常用膜材弹性常数

膜材类型		弹性模量（MPa）		泊松比		剪切模量（MPa）
		经向	纬向	经向	纬向	
P 类	①	800	800	0.1	0.1	10.0
	②	900	600	0.3	0.2	10.0
G 类		1800	1000	0.90	0.50	80.0
eP 类		450	600	0.60	0.80	5.0

注:①为经纬向力学性能接近的 P 类膜材,比如某些经双向张拉涂层的膜材、经编膜材。②为除①类以外的其他 P 类膜材。

3.2.9 E 类膜材的密度、弹性模量以及泊松比可按表 3.2.9 采用。

表 3.2.9 E 类膜材的密度、弹性模量以及泊松比

密度（g/cm³）	弹性模量（N/mm²）	泊松比
1.75	650	0.42

3.2.10 G 类、P 类和 eP 类膜材的抗撕裂强度、抗剥离强度可采用生产企业提供的数值或按现行上海市工程建设规范《膜结构检测标准》DG/TJ 08－2019 规定的试验方法确定。抗撕裂强度不宜小于 1cm 宽度膜材极限抗拉强度标准值的 7%,抗剥离强度不宜小于极限抗拉强度标准值的 1%。

3.2.11 膜材的防火性能,应根据现行国家标准《建筑材料及制品燃烧性能分级》GB 8624 进行测试并确定其防火级别。

3.3 配 件

3.3.1 膜结构用拉索可采用钢丝束、钢绞线、钢丝绳、钢缆绳,其材质应满足设计要求与现行行业标准《建筑工程用索》JG/T 330、《索结构技术规程》JGJ 257 和上海市工程建设规范《建筑索结构技术标准》DG/TJ 08－019 的规定。

3.3.2 膜结构用合成纤维缆绳,其材质应满足设计要求与国家现行有关标准的规定。

3.3.3 对不同的索应按国家现行有关标准进行试验。其抗拉强度、伸长率、屈服强度和化学成分必须有合格证和检验证书。

3.3.4 钢索的锚具应满足现行国家标准《预应力筋用锚具、夹具和连接器》GB/T 14370 和现行行业标准《建筑工程用索》JG/T 330 的规定,并按现行行业标准《预应力筋用锚具、夹具和连接器应用技术规程》JGJ 85 和设计要求进行施工、验收。

3.3.5 夹具及连接件应能有效地传递膜面与索中的应力,并应避免应力集中现象。对采用铝合金、不锈钢材料和镀锌钢材的构件,其材料的选用与设计应符合国家现行有关标准的规定。

3.3.6 钢结构与膜面的连接部件应采用不锈钢、铝合金或镀锌钢材制作。

3.3.7 高强度螺栓应符合现行国家标准《钢结构用高强度大六角螺栓》GB 1228 规定的性能等级 8.8s、9.8s 或 10.9s。

3.3.8 膜结构中所用的拉杆、拉索、锚具、节点及夹具应按国家现行有关标准及设计要求进行防腐处理。

3.4 支承结构

3.4.1 膜结构中支承结构的取材应符合国家和本市现行有关标准的规定。

3.4.2 膜结构设计时应根据建筑物的使用功能要求,确定支承结构的防腐、防火处理方法。

4 设计一般规定

4.1 设计的基本原则

4.1.1 本标准采用以概率理论为基础的极限状态设计方法,用分项系数的设计表达式进行计算。

4.1.2 结构设计时,应明确膜结构及支承结构的设计使用年限。

4.1.3 膜结构设计时,应按现行国家标准《建筑结构可靠性设计统一标准》GB 50068 确定结构重要性系数。

4.1.4 膜结构的设计应根据荷载、支承条件、制作加工、施工工况等条件进行。

4.1.5 膜结构的设计应包括初始形态设计、荷载效应分析、裁剪设计、连接和配件设计、支承结构设计,且应在考虑施工过程的基础上进行一体化的设计。

4.1.6 膜面的最大主应力应大于零,且不应大于膜材的强度设计值;在永久荷载作用下,膜面任何点的最小主应力不应小于维持其初始平衡形状的应力值;在其他荷载参与的组合作用下,膜面单元的最小主应力为零的区域不应大于该单元面积的 10%,且不应导致结构失效或连续性倒塌。

4.1.7 膜结构设计时,应考虑膜材的松弛、徐变和老化性能,以及使用阶段膜面替换对整体结构的影响。

4.1.8 膜结构设计应考虑膜材破坏时,支承结构仍能保持自身的强度、刚度及稳定性。

4.2 荷载与荷载组合

4.2.1 膜结构设计时,应考虑结构自重、预张力、内压、屋面活荷载、雪荷载、风荷载、施工荷载、地震作用、温度变化和支承结构变形等作用。膜结构的荷载除本标准有规定之外,应按现行国家标准《建筑结构荷载规范》GB 50009 的规定采用。

4.2.2 膜结构设计应按承载能力极限状态和正常使用极限状态分别进行荷载组合,并取各自的最不利效应进行设计。按承载能力极限状态设计膜结构时,应考虑荷载的基本组合;必要时,应考虑荷载的偶然组合。

4.2.3 荷载组合及荷载分项系数应根据现行国家标准《建筑结构可靠性设计统一标准》GB 50068 和《建筑结构荷载规范》GB 50009 确定。其中,索膜预张力、充气膜结构内压的分项系数应取 1.0。

4.2.4 膜结构设计时,风荷载可按现行国家标准《建筑结构荷载规范》GB 50009 的规定确定。当超出规定范围时,应通过试验或专项研究确定风荷载体型系数及风振系数。

4.2.5 膜结构设计时,雪荷载可按现行国家标准《建筑结构荷载规范》GB 50009 的规定确定,并应考虑雪荷载不均匀分布及局部积雪累加对结构的影响。当超出规定范围时,应通过试验或专项研究确定雪荷载体型系数及雪载分布。

4.2.6 膜结构建筑外形采用双曲面时,宜根据曲面形状、曲率变化等对雪荷载分布作调整。

4.2.7 膜结构的膜面活荷载标准值可取 $0.3kN/m^2$。

4.3 建筑设计

4.3.1 膜结构的建筑外形除应满足建筑和规划要求外,还应通

过膜结构初始形态设计来确定。

4.3.2　膜结构应根据防火等级和防火要求选用不低于 B1 级燃烧等级的建筑膜材，并根据现行国家标准《建筑设计防火规范》GB 50016 与《建筑内部装修设计防火规范》GB 50222 设置相应的防火措施；封闭式膜结构的膜材等级应通过专门的研究确定。

4.3.3　气承式膜结构、气肋式膜结构的防火措施应通过专门的研究确定。

4.3.4　刚性支承膜结构的承重体系应根据国家现行标准进行抗火和防火措施设计。

4.3.5　膜结构建筑设计应设置合理的排水坡度、排水系统，确保膜面排水顺畅不积水。在雪荷载较大的地区，应采用较大的膜面坡度和防积雪措施。

4.3.6　膜结构应根据建筑物的防水要求进行节点防水的构造设计。外露紧固件应采用不锈钢、铝合金或镀锌钢材。

4.3.7　膜片连接处应保持高度水密性，应进行抗剥离测试。膜片宜呈瓦片状排列，由高处膜片盖住低处膜片。

4.3.8　膜结构建筑设计应根据建筑物所在地域和使用特点采取有效的保温隔热措施，建筑物的室内温、湿度环境应符合现行国家标准《民用建筑设计统一标准》GB 50352 和《民用建筑热工设计规范》GB 50176 的规定。对室内湿度较大的建筑物，尚应采取防结露和冷凝水排除措施。

4.3.9　当有声学要求时，膜结构建筑设计应符合现行国家标准《民用建筑隔声设计规范》GB 50118 的规定。

4.3.10　膜结构应根据使用功能要求进行采光和照明设计，并应符合现行国家标准《建筑采光设计标准》GB/T 50033 和《建筑照明设计标准》GB 50034 的有关规定。采光设计中，可根据膜材透光的特点，合理利用自然光。当有专门要求时，尚应进行照明效果设计。热源照明灯具与膜面的距离不宜小于 1.0m。

4.3.11　膜面与建筑物内部、外部物体之间的距离，不宜小于正

常使用极限状态设计最不利工况下膜面变形值的 2 倍。

4.3.12 对于气承式膜结构,除应满足本节上述各条的要求外,尚应符合下列规定:

1 根据内部使用空间需要合理确定膜顶的高度,落地气承式膜结构矢跨比不宜小于 1/3,也不宜大于 2/3;无雪荷载或具有除雪或融雪设施的屋盖气承式膜结构,矢跨比可取 1/6 至 1/3 之间。

2 应急出口的设置应满足国家现行建筑设计标准,且平面布置时应至少设置 2 个应急出口,其宽度不应小于 90cm。

3 在所有的门上均应设置内外可视的观察窗。

4 气承式膜结构风机应具有足够的送风量和风口压力,保证气承式膜结构从充气开始到最小工作内压所需时间不宜大于 2h,并应保证需要时室内能达到最大工作内压。

5 气承式膜结构的供气设备应具有空气过滤功能。

6 气承式膜结构应具有备用充气设备,包括风机、控制系统以及发电机,保证其中 1 台设备出现故障或突发停电时具有保持气承式膜结构稳定的充气能力。控制系统应采用互锁方式,保证正常使用设备出现故障后可以自动启动备用设备或发电机。充气设备宜具备实时故障报警监测功能。

7 气承式膜结构用于游泳池项目时,应设置灾害天气下的防塌落设施。

8 气承式膜结构应根据新风量的需求及漏风量确定补风量,并应设置可根据室内气压自动调节的排风阀,以保障室内气压的稳定。

4.3.13 对于气枕式膜结构,除应满足本节上述各条的要求外,尚应符合下列规定:

1 边界夹角不宜小于 30°。

2 气枕的矢跨比不宜小于 5%,也不宜大于 15%。

3 气枕式膜结构风机应具有足够的送风量和风口压力,保

证需要时气枕内能达到最大工作内压。

    4 气枕式膜结构的供气设备应具有空气过滤和干燥功能。

    5 每台风机应配备 2 台具有互为备用的风扇；必要时，应配置备用风机及发电机。

    6 气枕式膜结构应根据换气量、漏气量确定补气量，供气设备的干燥装置应满足补气量的要求。

5 结构设计

5.1 一般规定

5.1.1 膜结构的初始形态设计应采用合理的预张力、正常工作内压值通过找形分析确定。预张力值可按表5.1.1-1选取;正常工作内压值可按表5.1.1-2选取。

表 5.1.1-1　膜材的预张力参考值

膜材	预张力参考值(kN/m)
G 类膜材	2.0~6.0
P 类膜材	1.0~3.0
eP 类膜材	1.0~3.0
E 类膜材	0.7~1.2

注:表中G类、P类、eP类膜材的预张力参考值仅适用于非充气式膜结构。

表 5.1.1-2　充气式膜结构正常工作内压参考值

膜材	结构类型	正常工作内压参考值(Pa)
E 类膜材	气枕式	250~300
P 类膜材	气承式	200~300
	气肋式	5000~20000

5.1.2 膜结构中膜面的荷载效应分析应采用非线性理论。对于织物类膜材,应考虑其正交异性特征。各种荷载组合下产生的膜面任何点的最大主应力应满足下述条件:

$$\sigma_{max} \leqslant f \qquad (5.1.2-1)$$

$$f = \zeta \frac{f_k}{\gamma_R} \qquad (5.1.2-2)$$

$$f_k = \frac{F_k}{t} \qquad (5.1.2\text{-}3)$$

在永久荷载作用下,膜面任何点的最小主应力应满足下述条件:

$$\sigma_{min} \geqslant \sigma_p \qquad (5.1.2\text{-}4)$$

$$\sigma_p = \frac{F_{min}}{t} \qquad (5.1.2\text{-}5)$$

上述几式中:σ_{min}——各种荷载组合下主应力的最小值。

σ_{max}——各种荷载组合下主应力的最大值。

σ_p——维持曲面的初始形态设计最小应力值。

f——对应最大主应力部位的膜材强度设计值。

f_k——对应最大主应力部位的膜材强度标准值。

F_k——膜材的抗拉强度标准值。

ζ——强度折减系数。对于 G 类、P 类、eP 膜材,一般部位取 1.0,节点和边缘部位取 0.75;对于由于强度不足而采用的双层膜材,需再乘以 0.9 的系数;对于 E 类膜材,取 1.0。

γ_R——膜面抗力分项系数。对于 G 类、P 类、eP 类膜材,第一类荷载效应组合时,取 5.0;第二类荷载效应组合时,取 2.5。对于 E 类膜材,第一类荷载效应组合时,非空气支承式取 1.8,空气支承式取 1.4;第二类荷载效应组合时,取 1.2。详见表 5.1.2-1、表 5.1.2-2。

F_{min}——维持曲面的初始形态设计最小张力值,可取预张力值的 50%。

t——膜材的厚度。

表 5.1.2-1　织物类膜材抗力分项系数 γ_R

膜材类型		荷载组合	抗力分项系数 γ_R
G 类、P 类、eP 类	第一类	结构自重＋屋面活荷载＋预张力(或内压)	5.0
		结构自重＋雪荷载＋预张力(或内压)	
	第二类	其他组合	2.5

注:各类荷载组合中,对于张力膜结构,应将预张力参与组合;对于各类充气膜结构,应将工作内压参与荷载组合。

表 5.1.2-2　E 类膜材抗力分项系数 γ_R

荷载组合类型	荷载组合	抗力分项系数 γ_R
第一类	结构自重＋屋面活荷载＋预张力(或内压)	1.8(非空气支承式)
	结构自重＋雪荷载＋预张力(或内压)	1.4(空气支承式)
第二类	其他组合	1.2

注:各类荷载组合中,对于张力膜结构,应将预张力参与组合;对于充气膜结构,应将工作内压参与荷载组合。

5.1.3　膜结构在设计时应按照初始平衡状态时膜结构的形状进行裁剪设计,裁剪设计结果应尽量使膜片所拼接成的膜面接近膜结构的初始平衡状态曲面,并应考虑膜结构自重的影响。

5.1.4　设计膜结构时,应考虑支承结构对膜结构的影响。

5.1.5　支承结构和基础应采用膜结构非线性荷载组合计算得到的反力进行设计。

5.2　结构体系

5.2.1　膜结构按支承条件分类为:柔性支承结构体系、刚性支承结构体系、混合支承结构体系、充气式膜结构体系,结构示意如图5.2.1所示。

5.2.2　典型柔性支承膜结构体系由膜面、边索、脊索、谷索、支承结构、锚固系统,以及各部分之间的连接节点等组成,如图5.2.2所示。

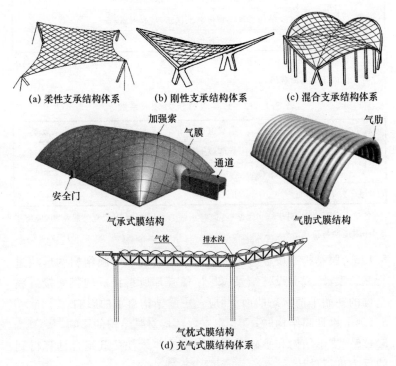

(a) 柔性支承结构体系　　(b) 刚性支承结构体系　　(c) 混合支承结构体系

加强索
气膜
通道
安全门
气承式膜结构

气肋
气肋式膜结构

气枕　　排水沟
气枕式膜结构
(d) 充气式膜结构体系

图 5.2.1　膜结构体系分类示意图

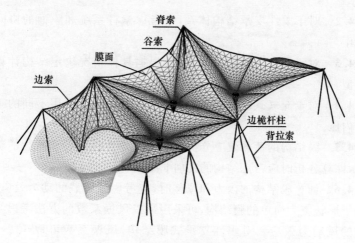

脊索

谷索

膜面

边索

边榄杆柱
背拉索

图 5.2.2　柔性支承膜结构体系示意图

5.3　初始形态设计

5.3.1　膜结构的初始形态设计是指寻找平衡的膜面几何形状及其对应的预应力分布。应满足边界条件、抵抗外荷载作用、建筑造型和使用功能的要求;对于充气式膜结构,尚应考虑正常工作气压的影响。

5.3.2　初始形态设计中,可将膜与刚性支承结构的连接作为固定边界,但应考虑可动张拉点处的杆件或拉索与膜面的相互作用。

5.3.3　膜结构初始形态设计可采用数值分析法和物理成形法。

5.4　荷载效应分析

5.4.1　膜结构的荷载效应分析应在初始形态设计所得到的外形与初始应力分布的基础上进行,考虑可能的各种荷载组合。当计算结果不能满足要求时,应重新进行初始形态设计。

5.4.2 对于柔性支承结构体系,应考虑索杆系统和膜面的协同工作。

5.4.3 对于混合支承结构体系,应根据具体情况决定结构计算模型。

5.4.4 对于充气式膜结构体系,应根据荷载类型采用不同的工作内压。

5.4.5 膜结构的荷载效应分析可采用基于连续化和离散化的理论,计算分析时应考虑结构的几何非线性。

5.4.6 计算膜结构的内力和位移时,应考虑风荷载的动力效应。对于形状较为简单的膜结构,可采用乘以风振系数的方法考虑结构的风动力效应。对刚性支承式膜结构,风振系数可取 1.2~1.5;对柔性支承式膜结构,风振系数可取 1.5~1.8;对充气膜结构,风振系数可取 1.2~1.5;对于风荷载影响较大或重要的膜结构,应通过专门研究确定风荷载的动力效应。

5.4.7 按正常使用极限状态设计时,结构中膜面单元内膜面的相对法向位移不应大于膜面单元名义尺度的 1/15。

5.4.8 在长期荷载效应组合下,气承式膜结构可按内压不变进行非线性分析;在短期荷载效应组合下,气承式膜结构应按内压不变和内压变化两种工况进行非线性分析,气枕式和气肋式膜结构应按内压变化进行非线性分析。

5.5 裁剪设计

5.5.1 膜结构的裁剪设计是指在初始平衡空间曲面上并考虑结构自重影响确定膜面的裁剪线,将空间曲面划分为膜片并将其展开为平面形状。

5.5.2 膜结构的裁剪线确定可采用平面相交法和测地线法。

5.5.3 膜结构膜片的展开计算可采用网络线长度方差最小原则或网格面积方差最小原则。

5.5.4 膜结构在裁剪设计中必须考虑预张拉应力的影响,根据膜材的应力应变关系确定膜片的收缩量,对膜片的尺寸进行调整。

5.5.5 膜片设计时应预留搭接宽度,膜片的边界应进行光滑处理。

5.5.6 裁剪缝的设计宜考虑建筑美观性和膜材的利用率。

5.5.7 裁剪缝的设计应考虑膜材力学性能的正交各向异性,宜使结构主应力方向与织物纤维方向一致。

5.5.8 膜片与膜片之间的拼接宜采用经向拼接、纬向拼接、斜向拼接三种方法,不应采用经向与纬向拼接,拼接缝两侧膜材纱线方向相差不宜超过15°。

6 连接和节点设计

6.1 一般规定

6.1.1 膜结构的连接节点包括膜片与膜片连接节点和膜面与支承结构连接节点。按照支承体系的不同,可分为膜面与柔性支承结构连接节点和膜面与刚性支承结构连接节点。按照所处部位不同,可分为中间节点和边界节点。

6.1.2 膜结构的连接构造设计应考虑结构的形状、荷载、制作、安装等条件,使结构安全、可靠,确保力的传递,并能适应可能发生的位移和转动,以及使用过程中膜面更换的可行性。

6.1.3 初始形态设计与荷载效应分析时,对节点所作的假定宜与实际构造相一致。节点设计和验算时,应考虑计算时的各种简化的影响。

6.1.4 节点设计时,宜考虑施加预张力的方式、支承结构安装允许偏差、膜材徐变的影响,以及进行二次张拉的可能性等因素。

6.1.5 膜面与支承结构连接节点必须具有足够的强度和刚度,不得先于连接的构件和膜面而破坏,也不应产生影响受力性能的变形。

6.1.6 膜片连接处应保持水密性,应进行抗剥离测试,并应防止织物磨损、撕裂。连接处的金属构件应有防腐措施。连接构造应充分考虑膜材徐变的影响。

6.1.7 膜结构中拉索的连接节点、锚锭系统与端部连接构造应按现行行业标准《索结构技术规程》JGJ 257 和现行上海市工程建设规范《建筑索结构技术标准》DG/TJ 08-019 的规定选用。

6.1.8 对于变形较大和存在频繁振动可能性的膜结构,宜采取

螺栓防松防脱措施。

6.2 膜片连接的构造设计

6.2.1 膜片之间的主要受力缝应采用热融合或高频焊连接,其他连接缝也可以采用粘结或缝合连接。

6.2.2 膜片之间的热融合连接可采用搭接或对接方式(图6.2.2)。搭接连接时,应使上部膜材覆盖在下部膜材上。热融合连接的搭接缝宽度,应根据膜材类别、厚度和连接强度的要求确定,对单面连接的情况,G类膜材不宜小于 50mm、P 类膜材不宜小于 25mm、E 类膜材不宜小于 10mm。eP 类膜材的连接宽度应根据本标准第 7.3.7 条要求通过拉伸试验确定。

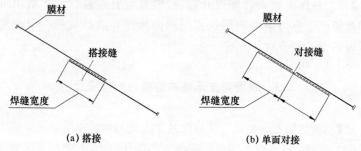

(a) 搭接   (b) 单面对接

图 6.2.2　膜片的连接

6.2.3 膜片连接处的膜材强度,应由制作单位工艺保证。必要时,应进行试验验证。

6.2.4 膜片与膜片之间的接缝位置应依据建筑要求、结构要求、经济要求等因素综合确定。

6.2.5 屋面膜片宜采用搭接方法进行拼接,搭接接缝应考虑防水要求。

6.2.6 膜面单元之间的连接可采用编绳连接[图 6.2.6(a)]、夹具连接[图 6.2.6(b)]或夹板连接[图 6.2.6(c)]。

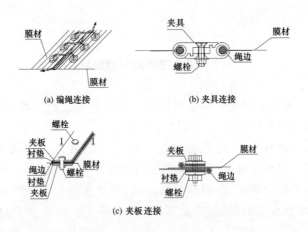

(a) 编绳连接   (b) 夹具连接

(c) 夹板连接

图 6.2.6 膜面单元的连接

6.2.7 在保障膜面合理展开时,接缝数量宜尽量少。接缝附近和可能产生应力集中的部位宜用斜向增强片进行加强。应避免接缝的交叉和叠合。

6.3 膜面与支承结构连接的构造设计

6.3.1 膜结构中的夹具应使膜面的应力均匀地传递而不产生应力集中。膜面夹具系统应能承受膜面上的设计应力,不能发生扭曲变形。夹具与膜面之间需辅以衬垫,并应连续、安全地夹住膜材边缘,见图 6.3.1。设计夹具系统时,夹具系统承受的应力应满足下列要求:

    1 承受已确定的膜面上的设计应力。

    2 承受来自单边的膜面应力。

6.3.2 膜面边缘与支承结构边缘之间的连接可采用刚性连接或柔性连接,刚性连接可分为直接压板固定式连接及铝型材螺栓调节式连接;柔性连接可分为直接膜边索袋式连接及 U 形夹具转接式连接。除直接膜边索袋式连接外,膜体出厂时边缘均应设置防脱边绳,压板、夹具等配件宜采用铝合金材料或镀锌钢板制作,紧固螺栓宜采用不锈钢材质或镀锌钢材。如图 6.3.2 所示。

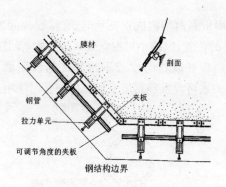

图 6.3.1　边缘构件夹具系列示意图

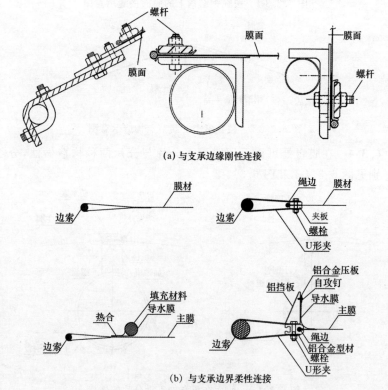

（a）与支承边缘刚性连接

（b）与支承边界柔性连接

图 6.3.2　与边缘构件典型连接示意图

6.3.3 当膜面依靠钢结构或索支承时,宜将膜片间的接缝设置在这些支承部件的位置,以减小对视觉效果的影响,见图 6.3.3-1。如果索比较小,则应在膜材与索或钢构件之间设耐磨的衬垫,见图 6.3.3-2。裸露的索可设置塑封层或加上保护套后使用。

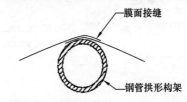

图 6.3.3-1　覆在钢结构上的膜面接缝示意图

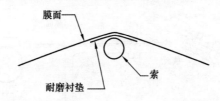

图 6.3.3-2　覆在索上的膜节点构造示意图

6.3.4 在膜脊处可以采用膜面不分片与分片两种构造做法,分别见图 6.3.4-1 和图 6.3.4-2。

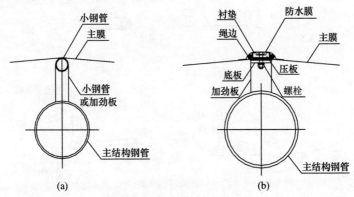

图 6.3.4-1　膜面在膜脊处不设分片的连接

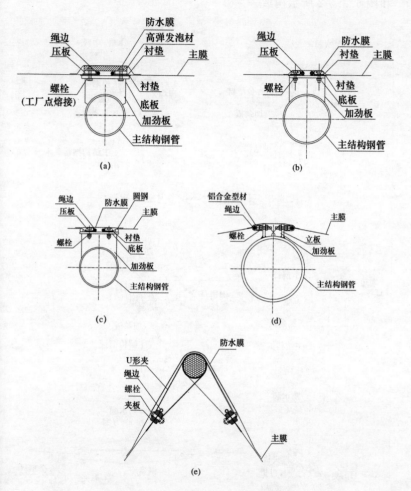

图 6.3.4-2 膜面在膜脊处设分片的连接

6.3.5 膜面在膜谷处不设分片与设分片可分别采用图 6.3.5-1 和图 6.3.5-2 所示构造。

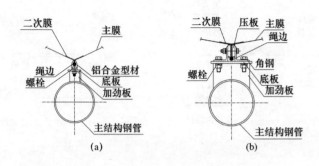

图 6.3.5-1 膜谷处不设分片连接构造

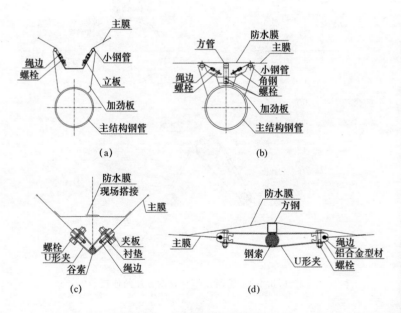

图 6.3.5-2 膜谷处设分片连接构造

6.3.6 膜结构桅杆顶部可采用图 6.3.6 所示构造。大中型膜结构锥顶可以套管钢管作为膜连接主体,由螺杆张拉并调节[图 6.3.6(a)];小型膜结构锥顶可采用螺栓分级改变高程[图 6.3.6(b)]。

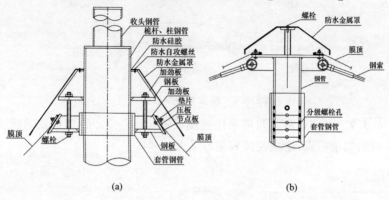

(a)   (b)

图 6.3.6 膜结构桅杆顶部构造

6.3.7 膜面在贯穿处的连接可采用图 6.3.7 所示构造,其中防水膜采用自攻钉将角钢与立板固定后用耐候胶封闭防水。

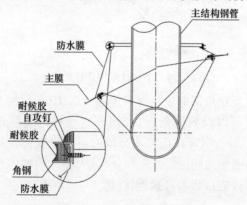

图 6.3.7 膜面在贯穿处的连接

6.3.8 膜面与溢流口的连接可采取图 6.3.8 所示构造。

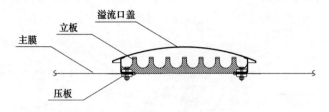

图 6.3.8　膜面与溢流口的连接

6.3.9 多向钢索之间可采用连接板连接(图 6.3.9)。钢索轴线应汇交于一点,避免连接板偏心受力。

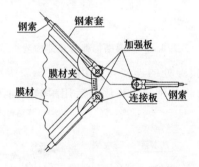

图 6.3.9　多向拉索的连接板连接

6.3.10 膜面在角部的连接可采用图 6.3.10 所示构造。钢索在角部分段时可以设置膜角板,利用调整螺杆调整膜角板的位置[图 6.3.10(a)];钢索在角部不分段时可以设置固定板将钢索夹在固定板与基座之间[图 6.3.10(c)];大型结构的膜角可采用可调钢拉棒通过连接板与耳板连接[图 6.3.10(d)]。

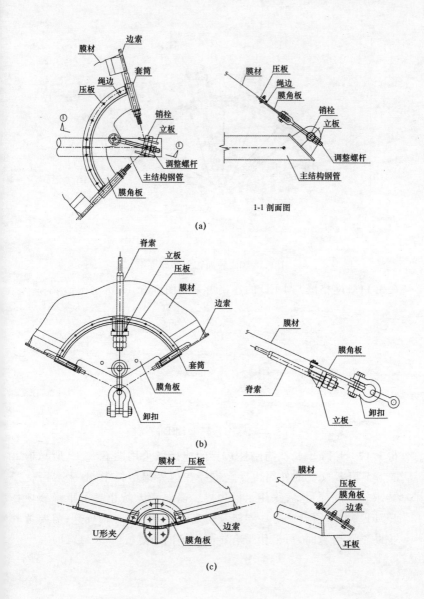

1-1 剖面图

(a)

(b)

(c)

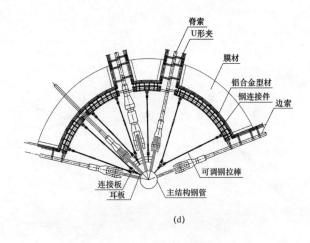

(d)

图 6.3.10 膜面在角部的连接

6.3.11 网格膜与 LED 的连接可采用图 6.3.11 所示构造。

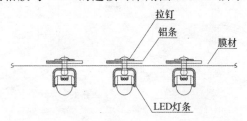

图 6.3.11 网格膜与 LED 的连接

6.3.12 ETFE 气枕与刚性边界的连接可采用图 6.3.12 所示构造。ETFE 气枕的外周边界宜贯穿在边界铝型材中,对于水密性要求较高的项目,宜采用水槽边界。需要考虑防止鸟类爪喙破坏 ETFE 时,尚须设置防鸟支架及防鸟钢丝[图 6.3.12(a)];需要考虑防结露措施时,可采用带有冷凝水槽的节点[图 6.3.12(b)]。

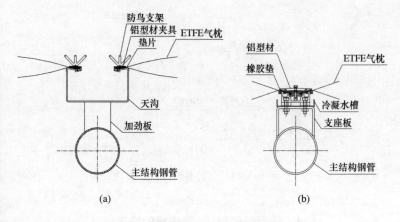

图 6.3.12 ETFE 气枕与刚性边界的连接

6.3.13 气承式膜结构中,膜面的周边可采用图 6.3.13 所示的连接方式。

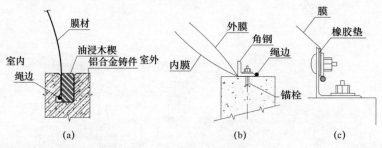

图 6.3.13 气承式膜结构的周边连接

6.3.14 气承膜式结构气密室出入口与膜面间连接时应加设膜面过渡区(图 6.3.14)。

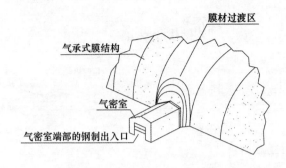

图 6.3.14 气密室出入口处理

6.4 膜面与风管、门禁连接的构造设计

6.4.1 气承式膜结构可采用地送风或侧送风充气构造形式,如图 6.4.1 所示。

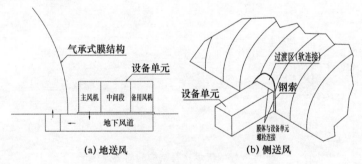

图 6.4.1 气承式膜结构充气构造示意图

6.4.2 气枕式膜结构可采用如图 6.4.2 所示的充气系统构造形式。

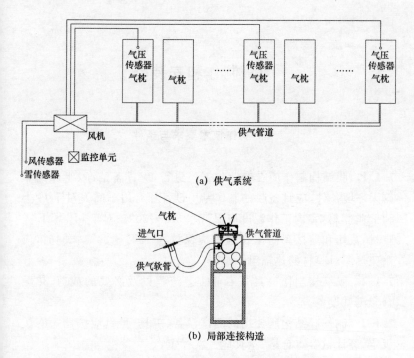

(a) 供气系统

(b) 局部连接构造

图 6.4.2 气枕式膜结构供气系统示意图

7 制作和安装

7.1 制作技术要求与条件

7.1.1 膜结构制作应在专业化工厂进行,应具备洁净、干燥的非露天环境条件,应具备膜的制作专用设备和专用车间。对于 G 类和 P 类膜材,室内工作温度应保持在 5℃～30℃;对于 eP 类、E 类膜材,裁切和熔接车间工作温度应保持在 15℃～30℃。同时,应避免热源对膜材的热辐射影响。

7.1.2 膜结构制作应具备专业工艺流程以及必要的裁剪、热融合和测试设备。

7.1.3 制作膜结构所使用的测试设备、工具、量具应按国家有关规定,经计量鉴定合格;量具应一次标定。

7.1.4 膜结构加工操作人员必须经过专业培训,明确其岗位及所需的技能要求。

7.1.5 膜结构的制作分为膜片的裁剪、连接、节点制作、配件的制作加工、包装、运输等环节。制作应符合以下工艺流程:膜材验收、技术参数的确定、膜片的裁剪、裁剪膜片的几何尺寸检验、膜片的连接、膜片连接强度检验、膜体的几何外形检验、连接件定位固定、膜体清理、膜体的包装与标记。

7.1.6 膜结构制作开始前应编制工艺设计文件,内容应包括:膜材检验,设备及量具检验,裁剪膜片的确定,裁剪方法,张拉伸长量的预调整,制作质量标准、工序兼验收方法,包装及运输。

7.2 · 材料检验

7.2.1 膜结构制作前,必须对所用膜材料及配件按设计和工艺要求进行检验。

7.2.2 检验对象应包括下列的材料及零部件:膜材、索、五金件、缝制线等。

7.2.3 检验内容应包括:外观检查、尺寸检查、材性检查。

7.2.4 检验方法:验审供货商提供的质保书及材料性能表;按批量进行抽样复验。膜材的力学性能、非力学性能的复验按每批膜材、每种复验项目抽样 1 组,每组 5 个试件。

7.3 膜片的裁剪、连接和节点制作

7.3.1 进行裁剪前,应验证膜材的生产批号、出厂合格证明及有关的复验合格报告。同一单体膜结构的主体宜使用同一批号生产的膜材。

7.3.2 裁剪设计软件提供的裁剪图应根据材性试验的结果由设计进行调整。

7.3.3 裁剪膜片时,应避开原膜材的织造伤痕、纱结及其他疵点。

7.3.4 在裁剪作业中,不得发生折叠弯曲的现象。

7.3.5 膜片搭接次序应根据裁剪设计的要求来确定。

7.3.6 裁剪操作应严格按照裁剪下料图进行。对裁剪后的膜片和热融合后的膜面单元应分别进行检验和编号,作出尺寸、位置、实测偏差等的详细记录。10m 以下膜片各向尺寸偏差不应大于 ±3mm,10m 以上膜片各向尺寸偏差不应大于 ±6mm。热融合后的膜面单元,周边尺寸与设计尺寸的偏差不应大于 1‰。

7.3.7 膜片的连接应保证接缝的强度和防水要求。P 类、G 类、

eP类膜材热融合处的抗拉强度不应低于母材强度的80%,E类膜材热融合处的极限抗拉强度不应低于30MPa。

7.3.8 采用热融合法拼接时,应根据工艺要求严格控制热融合温度、热融合压力以及热融合时间,避免过热烫伤,并严格控制热融合中产生的收缩变形,确保膜片、膜面平整,热融合部位不得出现明显厚薄不均匀现象。

7.3.9 热融合加工时,不应让尘埃、垃圾等污物沾附在膜材料上。

7.3.10 采用缝制拼接时,应做到缝制宽度、针幅等一致。严禁发生跳缝、脱线等现象。同时应避免缝制中引起膜片的扭曲、褶皱等现象。

7.3.11 附属部件应根据图纸和裁剪尺寸准确安装。开孔应采用开孔夹具,不得有卷曲、歪斜等现象。打扣眼时,不得有脱落、裂纹。

7.3.12 有特殊要求的膜片连接可现场加工制作,并采取措施确保质量。

7.4 制作成品膜体的包装和运输

7.4.1 经过成品检查合格后的膜体,在包装前膜面应清洗干净。包装时不得污染和损坏,且应编号入库。

7.4.2 加工完成的膜体,应根据膜材特性确定包装方式。膜体打包时,宜包上缓冲材料,以防止对膜体造成折弯、压坏等损伤。G类膜材料宜采用芯棍,以卷的方式打包,芯棍的直径不应小于100mm;对于无法卷成滚筒状的制品,应在各折叠处充填缓冲材料,折叠处弯曲半径不宜小于50mm;对不适合折叠的立体膜体应在膜体内衬填软质填充物后再包装。

7.4.3 包装好的膜体成品应放在指定地点,定期进行检查。出厂前还应进行复查,确定型号、数量是否正确,外包装是否破损;

发现不符合的情况,要开包确认产品的状况;若质量受影响,必须与有关方面共同协商后,根据协商结果进行修整。

7.4.4 膜体成品在堆放、装卸、运输过程中不得碰撞损坏,宜用防尘布进行遮盖,底部应铺设隔离垫层。

7.4.5 在运输前,宜在产品外包装件上粘贴产品标签,产品标签应记入包装内容及膜体折叠方式与展开方向;在运输中为防止附属品和小型零件丢失,宜将其整理成包装袋,安放在硬纸箱内固定于运输工具上。

7.4.6 运输过程中不得出现膜体的挤压、弯折、破损。包装及运输应考虑安装次序。

7.5 安装施工准备

7.5.1 膜结构工程安装前,应按膜结构设计图、安装工艺流程和工程特点来编制施工组织设计文件。

7.5.2 安装应符合以下工艺流程:检查膜体的出厂报告及质量保证书,支承结构及预埋构件的质量检验及校正,铺展膜体和膜体的连接件的安装及校正,按设计要求张拉膜体形成膜面,并按设计要求施加预张力,膜面与支承结构固定,检验连接件及连接节点,对完成的膜结构进行检测和记录。

7.5.3 施工安装前,应对膜体及零配件的出厂报告、产品质保书、检测报告以及品种、规格、色泽、数量进行验收。安装前应检查项目:

 1 膜体外观质量应无破损、无明显折痕、无难于清除的污垢及无明显色差。

 2 膜体上所有的拼缝及结合处无裂缝、无分离剥落及无明显褶皱。

 3 螺栓、垫圈及铝合金、不锈钢压条无拉伤和锈蚀。

 4 索、锚具无涂层破坏及锈蚀,缆绳无污损。

7.5.4 支承构件防锈面漆、防火涂层在施工前,必须将支承骨架与膜面的连接部位以圆角处理打磨光滑,确保连接处无毛刺、棱角。膜体安装前,支承骨架应已完成防锈、防火涂层的施工工作,以免污染膜面。

7.5.5 膜结构安装前,应对支承结构的误差和质量进行检查和验收。

7.5.6 对于复杂的膜结构工程,应进行施工过程模拟分析。

7.5.7 工程现场的膜体堆放时应采取保护措施,保证安全,防止膜体污损、膜材基层断裂。

7.5.8 膜的紧固夹板在安装前必须倒角打磨平整,不应有锐角、锐边。螺栓不应有飞刺。所有与膜体接触的金属件不应有尖锐棱角。

7.5.9 膜面展开时,应采取有效的保护措施以保护膜材不受损伤。

7.5.10 充气式膜结构安装前,供气设备必须到场,现场必须具备永久的独立电源。供气设备应放置于通风、洁净的场所。

7.6 膜的安装

7.6.1 膜结构的安装宜在风力不大于 4 级、温度不低于 4℃ 且不高于 40℃ 的情况下进行。在安装过程中应充分注意风速和风向,避免发生膜面颤动引发的险情。当风力达到 5 级及以上时,应中止作业,并采取安全防护措施。

7.6.2 膜结构安装过程中,不应发生雨水积存现象。同时应根据降雨的程度,决定作业的中止和继续。

7.6.3 膜结构的安装包括膜体展开、连接固定和张拉成形三个步骤。

7.6.4 在高空安装时,应在膜面安装区域设置安全网或采取其他安全措施,作业人员必须系安全带。在安装过程中,作业人员

在膜面上行走时应穿软底鞋,安装工具等硬物应妥善放置在工具包内。

7.6.5 膜面展开前应首先安装辅助张拉的夹板,夹板的间距不应大于 2m,根据膜结构的跨度大小和膜材的特性,调整夹板中心的间距,夹板的螺栓、螺母必须拧紧、到位。

7.6.6 膜面张拉前应根据材料的特性和工程特点,确定分批张拉的顺序、量值和速度。对刚性边界膜面单元施加预张力应分步进行,各步的间隔时间宜大于 24h。对柔性边界连续相邻膜单元应按合理顺序张拉;必要时,设置反向临时拉索。

7.6.7 压板固定式连接安装到位后,边绳应紧靠压板外侧面。当边绳与压板间距大于 5mm 时,应采取调整或修改措施,避免在使用中螺栓撕裂膜材。

7.6.8 脊索、谷索的安装应按施工组织设计要求进行。脊索、谷索安装之前宜采用临时脊、谷揽风绳,以防止未完工膜结构在风载下产生过大的摆动。

7.6.9 膜结构的脊索、谷索的锚头组装必须严格按工艺标准执行,脊索、谷索应张拉到位。对有控制要求的张力值,应作施工记录;对无控制要求的张力值应作张拉行程记录。

7.6.10 每个 ETFE 气枕安装完成后,应及时充气,保持气枕的基本形状和刚度。

7.6.11 空气支承膜结构充气前,应检查膜面单元安装固定情况,确保所有边界及连接节点满足设计要求,并应对充气设备及相关配套设施进行安装调试,合格后方可进行充气。充气过程中应对膜体形态及膜体内气压进行持续检测,直至达到设计形态。

7.6.12 当下道工序或相邻工程开始施工时,应对膜结构已完成部分采取保护措施,防止损坏。无有效保护措施时,严禁在膜材周边 3m 范围内进行焊接、切削作业。

7.6.13 膜体安装过程中必须做好成品保护,不应损坏膜面。膜面与支承结构之间必须设隔离层,不得直接接触。

7.6.14 对于重要或复杂的膜结构工程,应在膜面安装过程中,对支承结构进行应力和变形监测。

7.7 安装质量要求

7.7.1 膜面不得有渗漏现象,无明显褶皱,不得有积水。

7.7.2 膜面表面应无明显污染串色。

7.7.3 连接固定节点应紧密牢固、排列整齐。

7.7.4 无超张拉现象,膜面匀称,色泽均匀,排水通畅,封檐严密。

7.7.5 安装过程中膜体局部拉毛蹭伤大小不应大于直径 20mm,且每单元膜体不应超过 2 个。膜体破损的,可在现场暂时修补,修补应采用专用工具和工艺进行。对不影响安全、美观的 P 类或 G 类膜材破损可将暂时性修补作为永久性修补;对 E 类、eP 类膜材或影响安全、美观的 P 类、G 类膜材破损应作永久性修补,其要求应由业主、设计、施工三方协商决定,并作为竣工验收的档案材料。

7.8 保护清洁

7.8.1 膜结构的所有部分在安装完毕后应清洁干净,并做好成品保护。

7.8.2 膜面不得接触任何对膜面有损的化学试剂,清洁时应使用膜材供应商许可的、安全的专用清洁剂。

8 工程验收

8.1 基本规定

8.1.1 膜结构作为子分部工程,应按现行国家标准《建筑工程施工质量验收统一标准》GB 50300 和本标准的规定,分为制作分项工程和安装分项工程,每个分项工程按具体情况可划分为一个或若干个检验批,分别进行工程验收。与膜结构相关的钢结构分项工程的验收,应按现行国家标准《钢结构工程施工质量验收规范》GB 50205 执行。与膜结构相关的索结构分项工程,应按现行行业标准《索结构技术规程》JGJ 257 执行。

8.1.2 膜结构(含钢、索结构)竣工验收时应具备下列资料:

    1 施工图、膜体安装图、竣工图,图纸会审记录,设计变更文件,使用软件名称。

    2 制作工艺设计,施工组织设计(方案),技术交底记录,膜结构使用保养维护手册。

    3 材料出厂质量证明文件和复验报告。包括:膜材、索具、紧固件、成品质量合格证明文件、性能检测报告。

    4 加工检查记录,施工检查记录,现场质量管理检查记录,隐藏工程验收记录,拉索张力值记录,膜面单元张拉行程记录,不合格项的处理记录及验收记录,重大质量、技术问题实施方案及验收记录,其他有关文件和记录。

    5 有关安全及功能的检验和见证检测项目检查记录,有关观感质量检验项目检查记录,分部工程所含各分项工程质量验收记录,分项工程所含各检验批质量验收记录。

8.2 制作分项工程

Ⅰ 主控项目

8.2.1 膜结构用膜材必须有材料供应商提供的产品质量保证书和检测报告。

8.2.2 膜材裁剪前,应有制作方的复测报告,并由设计单位根据不同材料和工程的要求提出复验内容。

8.2.3 膜结构用零部件等金属连接件应提供产品质量合格证明文件。金属连接件应采用可靠的防腐蚀措施,在支承构件与膜材的连接处不得有毛刺、尖角、尖点。

8.2.4 支承结构必须符合相应规范和设计要求。

8.2.5 膜片连接部分必须进行抗拉强度测试。测试要求由设计单位提出,宜在同一连接方法、同一工艺、同一批次中抽验5%且不少于3件。检验方法:拉力测验。

Ⅱ 一般项目

8.2.6 裁剪后的膜片外观质量应无明显串色、无明显褶皱、无划伤、无污渍、无疵点。

　　检验方法:人工目测或专用仪器检测,制作中应100%检验,验收时应按10%抽样且不应少于3个膜片。

8.2.7 膜片的连接部分外观应接缝宽度均匀、接合膜面平整、线条清晰,缝制时针脚均匀无脱针、跳针。

　　检验方法:人工目测,制作中应100%检验,验收时应按10%抽样且不应少于3个膜片。

8.3 安装分项工程

I 主控项目

8.3.1 安装完成的膜结构不应有渗漏现象,不应有积水,膜面无明显褶皱。

检验方法:目测、自然淋水或局部淋水试验。

8.3.2 安装完成的膜结构膜面破损处的修补应符合本标准第7.7.5条的规定。

检验方法:目测。

8.3.3 膜体张拉和膜连接点应符合设计要求,膜片与膜片连接部位缝线无脱落、断线,热融合粘接处无起壳、剥落。

检验方法:目测和人工检测。

8.3.4 所有连接件、紧固件应安全、合理、美观且具有足够的强度、刚度和耐久性,并符合设计要求。

检验方法:实验机检测。

8.3.5 空气支承膜结构应进行充气系统测试:气流损失不大于设计值,最大静内压不大于最大工作内压设计值,压力控制系统按设计运行。有条件时,尚可进行除雪系统和紧急后备系统的测试。应提供充气设备的合格证明,结构在常规和紧急情况下的操作和维护手册。

检验方法:人工检测、常用工具检测。

8.3.6 膜结构安装后,应根据现行上海市工程建设规范《膜结构检测标准》DG/TJ 08-2019的相关规定进行膜面应力测试。

II 一般项目

8.3.7 安装完成的膜面应无明显污渍、串色。局部拉毛应符合本标准第7.7.5条的规定。

检验方法：人工检测。

8.3.8 膜面排水坡度、排水沟槽、檐口设置应符合设计要求，排水顺畅。

检验方法：人工检测、自然淋水或局部淋水试验。

9 维修和保养

9.0.1 膜结构维修和保养应由承包商会同材料供应商和制作安装单位、设计单位提供保养维修手册,其维修和保养工作应委托专业公司专业队伍进行。维修保养手册的基本内容应包括但不限于以下内容:

    1 正常使用条件及要求。

    2 业主、承包商的责任与义务。

    3 关键检修保养项目。

    4 材料、工具。

    5 安全注意事项。

9.0.2 膜结构的维修和保养工作可由建设单位或物业管理单位委托具有相应资质的膜结构企业完成。

9.0.3 膜结构的维修和保养应按承包商提供的维修保养手册进行,承包商应就其要求向业主方或管理方说明和指导。对于重大膜结构工程,宜根据设计要求进行健康监测。

9.0.4 维修管理责任方必须对维修保养计划书、检修记录、检修报告书、修改记录的文档进行保管。

9.0.5 工程用的所有紧固件如螺栓、索具、锚具等连接件不得随意转动,工程竣工后满 6 个月时,应检查其使用状态;若有松动,应予以拧紧加固。

9.0.6 膜结构的清洁应按本标准第 7.8.2 条的规定进行。

9.0.7 管理人员应在每年雨季前和冬季前对膜结构进行检查、清理,防止防水节点松脱,水落口、天沟、檐口堵塞,保持排水系统畅通。

9.0.8 根据膜材料的设计使用年限应对其及时进行替换。

9.0.9 膜结构建筑物的全部检修保养项目应包括膜面的形状、变形、初期张力状态、全部或局部的褶皱、破裂和断裂。

9.0.10 膜材料的检修项目见表 9.0.10 规定。

表 9.0.10 膜材料的检修项目

检修项目 ＼ 检修部位	主体膜	防水膜	补强带	密封橡胶	保护层橡胶
污染	□	□		□	□
破裂、断裂	□	□	□		
剥落	□	□			
连接部剥落	□	□			
裂缝	□	□		□	□
起泡	□	□			
漏水	□	□		□	□
磨损	□	□		□	□
松弛	□				
霉变	□	□			
老化	□	□		□	□

注:表格中"□"表示需要检修的项目。

9.0.11 索、安装用五金件的检修项目见表 9.0.11 规定。

表 9.0.11　索、安装用五金件的检修项目

检修项目 ＼ 检修部位	索	索护套	端部五金件	可调接头	铝合金型材	螺栓、螺母	索圈
霉变		□					
松弛	□		□	□		□	
损伤	□	□	□	□	□	□	□
磨损	□	□	□	□			
变形	□	□	□		□		□
污垢		□					
破断	□	□	□		□		
老化		□					
渗漏		□					
锈蚀						□	□

注：表格中"□"表示需要检修的项目。

9.0.12　充气膜结构的检修保养尚应包括以下项目：

1　充气设备的除湿、滤尘效果。

2　各类传感器(气压、风速、湿度等)的灵敏度。

3　充气管道的密封性能。

9.0.13　检验方法应包括目测、测试和试验。

9.0.14　维修管理责任方必须通过日常检查确认膜体等是否处于正常状态，主要检查项目应包括膜面形状有无较大变形和膜体是否破裂、膜材涂层是否剥落。

9.0.15　维修管理责任方应在强风、降雪等恶劣天气过后，检查膜结构建筑物有无异常。

9.0.16　维修管理责任方应在竣工 1 年后每隔 3 年或按维修保养手册要求的时间间隔定期进行检修。

本标准用词说明

1　为了便于在执行本标准条文时区别对待,对要求严格程度不同的用语说明如下:

　　1）表示很严格,非这样做不可的用词:

　　　　正面词采用"必须";

　　　　反面词采用"严禁"。

　　2）表示严格,在正常情况下均应这样做的用词:

　　　　正面词采用"应";

　　　　反面词采用"不应"或"不得"。

　　3）表示允许稍有选择,在条件许可时首先这样做的用词:

　　　　正面词采用"宜";

　　　　反面词采用"不宜"。

　　4）表示有选择,在一定条件下可以这样做的用词,采用"可"。

2　条文中指明应按其他有关标准、规范执行时,写法为:"应符合……的规定"或"应按……执行"。

引用标准名录

下列文件对于本标准的应用是必不可少的。凡是注日期的引用文件，仅注日期的版本适用于本标准。凡是不注日期的引用文件，其最新版本(包括所有的修改单)适用于本标准。

1 《钢结构用高强度大六角螺栓》GB 1228

2 《建筑材料不燃性试验方法》GB/T 5464

3 《建筑材料及制品燃烧性能分级》GB 8624

4 《建筑材料难燃性试验方法》GB 8625

5 《建筑材料可燃性试验方法》GB/T 8626

6 《塑料薄膜拉伸性能试验方法》GB 13022

7 《预应力筋用锚具、夹具和连接器》GB/T 14370

8 《建筑结构荷载规范》GB 50009

9 《建筑设计防火规范》GB 50016

10 《建筑采光设计标准》GB/T 50033

11 《建筑照明设计标准》GB 50034

12 《建筑结构可靠性设计统一标准》GB 50068

13 《民用建筑隔声设计规范》GB 50118

14 《民用建筑热工设计规范》GB 50176

15 《钢结构工程施工质量验收规范》GB 50205

16 《建筑内部装修设计防火规范》GB 50222

17 《建筑工程施工质量验收统一标准》GB 50300

18 《民用建筑设计统一标准》GB 50352

19 《预应力筋用锚具、夹具和连接器应用技术规程》JGJ 85

20 《索结构技术规程》JGJ 257

21 《建筑工程用索》JG/T 330

22 《建筑索结构技术标准》DG/TJ 08-019

23 《膜结构检测标准》DG/TJ 08-2019

上海市工程建设规范

膜结构技术标准

DG/TJ 08-97-2019
J 10209-2020

条文说明

目　次

1 总　则 ……………………………………………………… 59
3 材　料 ……………………………………………………… 60
　3.1 一般规定 ……………………………………………… 60
　3.2 膜　材 ………………………………………………… 60
　3.3 配　件 ………………………………………………… 63
4 设计一般规定 ……………………………………………… 64
　4.1 设计的基本原则 ……………………………………… 64
　4.2 荷载与荷载组合 ……………………………………… 64
　4.3 建筑设计 ……………………………………………… 65
5 结构设计 …………………………………………………… 67
　5.1 一般规定 ……………………………………………… 67
　5.3 初始形态设计 ………………………………………… 68
　5.4 荷载效应分析 ………………………………………… 68
　5.5 裁剪设计 ……………………………………………… 69
6 连接和节点设计 …………………………………………… 71
　6.1 一般规定 ……………………………………………… 71
　6.2 膜片连接的构造设计 ………………………………… 71
　6.3 膜面与支承结构连接的构造设计 …………………… 72
7 制作和安装 ………………………………………………… 73
　7.1 制作技术要求与条件 ………………………………… 73
　7.2 材料检验 ……………………………………………… 73
　7.3 膜片的裁剪、连接和节点制作 ……………………… 73
　7.4 制作成品膜体的包装和运输 ………………………… 74
　7.5 安装施工准备 ………………………………………… 74

7.6 膜的安装 ································· 74

7.7 安装质量要求 ····························· 75

8 工程验收 ································· 76

8.1 基本规定 ································· 76

8.2 制作分项工程 ····························· 76

8.3 安装分项工程 ····························· 76

9 维修和保养 ······························· 77

Contents

1 General provisions ·· 59

3 Materials ·· 60

   3.1 General requirements ···································· 60

   3.2 Membrane materials ···································· 60

   3.3 Accessory materials ···································· 63

4 General design requirements ······························ 64

   4.1 Basic principles of design ···························· 64

   4.2 Loads and combinations ···························· 64

   4.3 Architectural design ·································· 65

5 Structural design ·· 67

   5.1 General requirements ································ 67

   5.3 Form-finding ·· 68

   5.4 Load case analysis ···································· 68

   5.5 Cutting pattern design ······························ 69

6 Connection and joint design ····························· 71

   6.1 General requirements ································ 71

   6.2 Connection design of membrane sheets ·········· 71

   6.3 Design for connection of membrane and supporting
        structure ·· 72

7 Fabrication and installation ···························· 73

   7.1 Requirements and condition for fabrication ········· 73

   7.2 Material inspection ·································· 73

   7.3 Cutting, connecting and fabricating of membrane sheet
        ·· 73

7. 4 Packaging and transportation of membrane surface

　　　　·· 74

7. 5 Installation and construction preparation ·············· 74

7. 6 Installation of membrane surface ····················· 74

7. 7 Installation quality requirements ····················· 75

8 Project acceptance ···································· 76

8. 1 General requirements ····························· 76

8. 2 Fabrication sub-project ···························· 76

8. 3 Installation sub-project ··························· 76

9 Repair and maintenance ······························· 77

1 总 则

1.0.1 膜结构是建筑、结构、材料和计算机技术的综合集成。我国和本市关于膜结构的理论研究、工程应用、材料研究及开发等自 20 世纪 80 年代中期开始逐步有了一些成果,已建有大量造型独特、美观、建筑功能优良的膜结构工程,并已有专业制造商和专业的膜结构制作、安装企业。为了在实际膜结构的设计、施工中做到安全可靠、技术先进、经济合理,运用国内和本市已有的研究成果和膜结构建筑的设计施工经验,参照国外工程经验和有关规范标准,结合上海地区实际制定本标准。

1.0.3 本标准是遵照国家标准《建筑结构可靠度设计统一标准》GB 50068、《建筑结构设计术语和符号标准》GB/T 50083、《建筑结构荷载规范》GB 50009、《钢结构设计规范》GB 50017、《混凝土结构设计规范》GB 50010、《建筑抗震设计规范》GB 50011、《钢结构工程施工质量验收规范》GB 50205、《建筑设计防火规范》GBJ 16、上海市工程建设规范《建筑抗震设计规程》DGJ 08—9、《地基基础设计标准》DGJ 08—11 等,并结合膜结构的特点和本市的技术要求编制的。在设计与施工中,除应符合本标准的规定外,尚应符合国家和本市现行有关规范、规程或标准的规定。

3 材　料

3.1　一般规定

3.1.1　建筑膜结构用膜材,由于基材和涂层不同其抗老化性能也不同,因此,选用膜材时必须由供应商提供该种膜材的有效使用年限及老化性能测试报告。

3.2　膜　材

3.2.1　对于 G 类、eP 类、E 类膜材,具有非常好的耐候性能,使用年限可达 25 年以上,可用于永久性膜结构。对于无面层的 P 类膜材,使用年限一般为 10 年以内;对于涂覆 TiO_2 面层的 P 类膜材,使用年限一般可为 15 年~20 年;对于涂覆 PVDF 面层的 P 类膜材,使用年限一般可为 10 年~15 年;对于涂覆 PVF 面层的 P 类膜材,使用年限可达 20 年左右。由于材料发展更新较快,新材料的使用年限可能更长,可根据膜材供应商提供的材料质保年限合理选用。

　　G 类和 P 类膜材根据构造不同,又可分为网格膜材和不开孔膜材。

3.2.2　涂层织物膜材可采用不同基布和涂层材料构成,目前各国生产的膜材种类很多,且新的品种不断出现,采用《膜结构用涂层织物》FZ/T 64014 规定的标识方式便于选用和区分。G 类和 P 类膜材以"基布纤维/涂层材料/防污面层"的英文缩写字母表示。例如:

　　——P/PVC/PVF:聚酯纤维织物/聚氯乙烯(PVC)/聚氟乙

烯（PVF）；

——P/PVC/PVDF：聚酯纤维织物/聚氯乙烯（PVC）/聚偏氟乙烯（PVDF）；

——P/PVC/TiO$_2$：聚酯纤维织物/聚氯乙烯（PVC）/二氧化钛（TiO$_2$）；

——G/PTFE：玻璃纤维织物/聚四氟乙烯（PTFE）。

不同膜材的耐久性、自洁性、透光性、热融合性、柔韧性有较大差别，可根据膜材生产企业提供的资料选用，也可按《膜结构用涂层织物》FZ/T 64014 的规定进行检验。

涂层织物膜材承载力主要取决于基布纤维的粗细和纱线根数。对于大型或复杂膜结构不应采用直径 $\geqslant 6\mu m$ 玻璃纤维基材的 PTFE 膜材。因为柔性较差，在膜材加工、运输、安装过程中发生不可避免的折叠时，会出现较多的玻璃纤维丝断裂现象，导致膜材有效强度的降低。

3.2.5 潮湿时的抗拉强度是指把试件完全浸泡于水中 72h 后进行拉伸测试得到的抗拉强度。对 G 类膜材，高温检测温度为 $150\,℃\pm5\,℃$；对 P 类、eP 类膜材，高温检测温度为 $60\,℃\pm2\,℃$。

3.2.6 通过对 5 种厚度（$80\mu m、100\mu m、200\mu m、250\mu m、300\mu m$）、总计 300 条试样的单轴拉伸试验，得到室温条件下保证率为 95% 时的第一屈服强度、第二屈服强度以及极限抗拉强度标准值。单向拉伸试验表明，ETFE 膜材长度方向与宽度方向的拉伸性能基本相同，设计中可将 ETFE 膜材按各向同性材料处理。不同厚度的材料强度差异不大，无需再细分级别，设计中可根据结构承载力要求选用不同厚度膜材或膜材层数。

研究表明，E 类膜材单向拉伸应力应变曲线经历了两个比较明显的刚性转折点（图 1 中 B 点和 C 点），分别定义两个转折点为 E 类膜材的第一屈服点和第二屈服点。第一屈服点 B 之前应力应变呈近似直线关系，可以认为材料处于弹性状态。经过 B 点后，应力应变曲线仍保持近似直线，但直线的斜率迅速减小，可以

认为材料发生屈服。当应力超过第二屈服点 C 后,材料迅速被拉长,随着应变的大幅度增加,逐渐出现应力强化并最终断裂。试验统计结果还表明,第一及第二屈服强度数据标准差较小,屈服强度是描述 E 类膜材强度值的可靠指标。

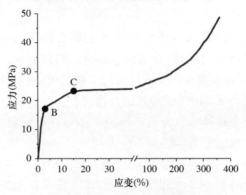

图 1 E 类膜材单轴拉伸曲线

高温环境下 E 类膜材强度将出现较为明显的下降。试验表明,当温度从 20℃升高至 40℃时,E 类膜材的屈服强度与破断强度将下降约 20%。由于膜结构强度主要受风荷载控制,暴风时气温一般不会达到 40℃,因此仍可按室温时的强度值进行设计。当 ETFE 膜结构经历持续 40℃以上高温时,需进行膜材强度试验并在设计中对强度值进行折减。

3.2.8 膜材的弹性模量应通过双轴拉伸试验确定。本条根据对工程中常用的膜材进行力学性能拉伸测试,给出了几类膜材的基本弹性常数,供设计师在方案设计分析中使用。

3.2.9 由于 E 类膜材可以认为是各向同性材料,本条给出了经单轴拉伸试验统计确定的 E 类膜材弹性模量和泊松比。

E 类膜材单轴循环拉伸试验表明,当应力小于第一屈服强度时循环拉伸不会发生残余应变,而当应力大于第一屈服强度时,循环拉伸将会使材料发生残余应变。300 条 E 类膜材试样单轴拉

伸试验得到的第一屈服强度均值为 18.4MPa;另外 E 类膜材设计强度值按结构形式及荷载组合取为 9.1MPa～18.8MPa,即 E 类膜材的工作状态基本上处于第一屈服强度以内,可按线弹性分析。因此,本标准取第一屈服点 B 之前应力应变曲线近似直线的斜率作为设计用弹性模量。如果 E 类膜材处于超过第一屈服强度的工作状态,其弹性模量会有一定程度降低,设计时须注意。

3.2.11 对有防火要求的膜结构,膜材的防火级别应符合设计要求。

3.3 配 件

3.3.1 膜结构用钢丝绳应为无油镀锌钢丝绳,且应具有耐腐蚀 PE 护承。麻芯钢丝绳在荷载作用下易产生较大的变形,导致膜结构的积水甚至破坏,应谨慎使用。

3.3.2 常用合成纤维缆绳有尼龙、涤纶、维尼龙的,也有用丙纶缆绳的。合成纤维缆绳不宜作为结构受力构件使用,一般用于盖口、内层膜等非受力或受力较小且不影响结构安全的地方,或用到临时性膜结构中。

4 设计一般规定

4.1 设计的基本原则

4.1.2 根据现行国家标准《建筑结构可靠性设计统一标准》GB 50068 的规定,临时性膜结构的设计使用年限为 5 年;易于替换的膜结构设计使用年限为 25 年;普通膜结构房屋和构筑物设计使用年限为 50 年。

4.1.5 膜结构设计每一环节与其他环节均相互联系,相互影响,应一体化设计。

4.1.6 在自重等永久荷载作用下,膜面任何点的最小主应力应大于等于维持其初始平衡形状的应力值;在活荷载、风荷载等其他荷载参与的组合作用下,膜面单元的最小主应力为零的区域不应大于该单元面积的 10%,且不应导致结构失效或连续性倒塌。

4.1.7 由于膜结构具有徐变和应力松弛的特点,膜结构设计时,宜考虑张力的二次导入。由于膜材有效使用年限不一,较多膜材的有效使用年限小于 25 年,用在永久性建筑,必须考虑其替换。膜结构与支承结构互相影响,同时膜的安装与替换有密切关系,因此,设计时必须考虑膜材替换的影响。

4.1.8 这里对支承结构的刚度提出了要求,主要是考虑到膜材一旦破坏,只有支承结构的刚度不发生明显变化,膜面的替换、维修才有实施的可行性。

4.2 荷载与荷载组合

4.2.1 永久荷载和可变荷载的分类见现行国家标准《建筑结构

荷载规范》GB 50009 中的相关条文。按膜结构施工安装特点及膜结构自身特点施工,施工检修荷载不仅要考虑均布荷载,更应考虑集中荷载。集中荷载可按安装施工方式、膜结构形状来确定。

4.2.3 膜材与拉索的初始预张力、充气膜结构的内压作为结构的初始平衡内力,在进行荷载组合时分项系数应取 1.0。

4.2.4 膜结构对风荷载很敏感,设计中必须有明确的符合实际的风载体型系数和风载分布,并按现行国家标准《建筑结构荷载规范》GB 50009 相关规定执行;对于现行规范中未明确给出的建筑体型和所处地理环境较复杂的情况,宜采用风洞试验、数值风洞或其他手段研究确定。

对一些建筑体型特殊且建筑设计中有可能采用导风措施时,也可采取导风措施以减小风载作用。

4.2.6 膜结构形状决定了雪荷载不可能是均匀分布,故应视不同形状考虑雪荷载分布的调整。

4.3 建筑设计

4.3.2 根据国外相关研究成果,对于具有消防要求的封闭式建筑,当屋面距离下部地面或楼板高度小于 2.7m 时,不应采用膜结构。当屋面距离下部地面或楼板高度不小于 2.7m 时,膜结构的膜材等级应通过专门的研究确定,也可经消防专项论证通过后使用。

4.3.7 本条主要考虑确保膜片接缝的防水。当局部膜片替换时,在有确保接缝水密性的措施下,可不按由高往低铺设。

4.3.9 膜结构用于展厅、体育场(馆),也有用于文娱演出场所。由于其材料特点不同于一般建筑材料,特别是其对建筑声学性能影响不同于一般建材,设计时必须注意膜结构的这一特点。

4.3.10 当采用热源照明灯具时,应考虑热源灯具的功率规格对

灯具与膜面的距离适当调整放大。

4.3.12 本条是对气承式膜结构的基本设计要求。对于民用建筑，可采取一定的隔离措施，避免人员可以在建筑外部/内部直接接触到受力膜面从而发生人为膜面破坏情况。

4.3.13 当气枕夹角过小时，容易引起角部的膜面褶皱，因此宜适当控制夹角的大小。气枕矢跨比过小，则承载力较低，容易积水引发事故；对于三角形、四边形等具有角部的气枕，矢跨比过大，在角部容易发生褶皱。每台风机应配备 2 台具有互为备用功能的风扇，以保证一台风扇出现故障时仍能为气枕提供充足的内压；当供气设备失效会引起结构安全问题时，比如导致大面积积水、积雪等，应配置备用风机及发电机，保证当供电出现问题时，提供临时的备用电源。

5 结构设计

5.1 一般规定

5.1.1 膜结构初始平衡状态时膜面预张应力是自相平衡的。形状设计时,宜首先寻找应力均匀的最小曲面;当最小曲面不存在时,寻找应力不均匀的其他平衡曲面。预张力参考值是参考国内外膜材应力应变试验和工程经验提出的。

5.1.2 膜结构中膜面的荷载效应分析必须考虑几何非线性的影响。对于 ETFE 膜结构,当采用塑性成形技术进行找形分析或极限承载力计算时,还需考虑材料非线性的影响。

膜面抗力分项系数 γ_R,本标准 2002 版短期荷载组合作用下取 3.5,长期荷载组合作用下取 7.0。此次修订对过去十余年的工程设计经验进行了总结借鉴,并与《膜结构技术规程》CECS 158 保持统一,改为短期荷载组合作用下取 2.5,长期荷载组合作用下取 5.0。值得注意的是,由于张力膜结构的特性是几何形状、材料性能、裁剪精度、连接性能、维护保养等综合因素影响的结果,实际工程中膜结构发生损坏的情况时有发生,所以对于一些形状新颖,制作、安装具有一定难度的膜结构,抗力分项系数宜适当提高,以保证安全。

对于工程中为了局部加强或跨度较大时单层膜强度不足而采用的多层织物薄膜,根据试验结果,其抗拉强度取值不应大于 $0.9^{(n-1)} n f_0$,其中 n 为膜材层数,f_0 为单层膜材的抗拉强度。

5.1.3 通过形状设计可以确定初始平衡状态的膜曲面,这样的膜曲面是由一定幅宽的膜材经过裁剪成膜片、互相连接后张拉生成的。膜曲面上的膜片间连接线是裁剪线。裁剪膜片是待求的

平面,而膜曲面上的膜片是空间的,当裁剪线确定后,膜片也就确定了。因此,平面裁剪膜片确定的关键技术是将已知的空间膜片展开成平面裁剪膜片。显然,实际生成的曲面和形状设计所得曲面之间的误差取决于空间膜片展开成平面的精度。由于膜曲面上的空间裁剪片具有一定的预张应力,所以裁剪膜片确定时还必须考虑预张应力释放后的几何改变。

5.1.5 膜结构各工况计算均是考虑预应力的非线性分析。因此,本条强调支承结构和基础应采用荷载组合计算得到的各组合反力进行设计,而不应采用单工况计算后再进行效应组合。

5.3 初始形态设计

5.3.2 由于刚性支承结构体系变形很小,所以形状设计时可以将刚性支承结构体系作为固定边界。可动张拉点处的拉杆、脊索和谷索在膜结构中应用非常普遍,膜面的形状直接取决于拉杆长度和索内力,所以应该考虑它们之间的共同作用。

对于大型张拉式索膜结构,宜采用包含支撑结构的总装模型进行分析复核。

5.4 荷载效应分析

5.4.2 由于支承结构变形对膜结构内力分布有较大影响,膜结构设计应考虑膜与支承结构的协同工作,当支承结构为刚性体系如钢桁架、拱、网架等变形比较小时,根据设计经验如对膜结构影响较小时可不予计算协同工作,对支承结构为柔性体系或混合体系时应进行考虑协同工作的计算分析。

5.4.6 根据以往的工程经验,膜结构通常属于风荷载敏感型,内力和位移由风荷载参与的荷载组合控制,因此,计算膜结构的内力和位移时,应考虑风荷载的影响。对于形状较为简单的膜结

构,可采用风振系数方法考虑结构的风动力效应。本条根据国内外研究成果和工程经验,给出了刚性支承膜结构和柔性支承膜结构的风振系数建议取值区间,设计人员可根据工程特征进行选取。对于风荷载影响较大或重要的膜结构,应通过模型风洞试验、数值模拟或专门研究确定风荷载的动力效应。

5.4.7　本条未对膜面在各荷载状态下的最大位移作规定,主要是考虑膜结构形状很多,支承方式也很多,不宜用一个统一的量值来规定。同时结构设计时已明确必须考虑几何非线性,所以不再规定最大允许相对变形值。当具体工程设计需要作规定时可根据不同工程建筑功能要求或参考国外有关规定,也可采用在各种荷载状态下,膜面的相对变形量保持在该抵抗变形方向的膜面支承点间距离的1/15以下。

5.5　裁剪设计

5.5.1　裁剪分析的目的是确定裁剪线和裁剪膜片,使其拼接张拉后实现初始平衡状态时的膜曲面。因此,裁剪分析应根据初始平衡状态时的膜曲面和预张应力进行。

5.5.2　裁剪线可以采用平面相交法和测地线法予以确定,也可采用其他有效方法。所谓平面相交法是指在形状设计得到的膜曲面上,用平面按规律地与曲面相交以求得裁剪线。这样确定的裁剪线具有希望得到的美观效果和视觉效果,但是由此得到的膜片幅宽往往相差较大,因而耗材较多。所谓测地线法是指在形状设计得到的膜曲面上,寻找测地线作为裁剪线。测地线指曲面上两点之间距离最短的线。对于可展曲面,展开平面上的测地线是直线;对于不可展曲面,展开平面上的测地线接近直线。测地线之间的膜片幅宽较为接近,因而用材经济,但是曲面上的测地线美观效果和视觉效果较差。设计时,应综合考虑经济和美观两方面的因素确定裁剪线。

5.5.3 如果采用三角形直线网格描述空间膜片,那么,空间膜片展开成平面的原则之一是空间膜片上的所有直线长度与平面裁剪膜片上相应直线长度的方差最小(长度原则)。对于不可展曲面,具有最小直线长度方差的展开平面与空间曲面在长度原则下最为接近。采用等效杆单元有限元方法可以确定具有最小直线长度方差的展开平面。空间膜片展开成平面的原则之二是空间膜片上的所有三角形网格与平面裁剪膜片上相应三角形网格的面积方差最小(面积原则)。对于不可展曲面,具有最小三角形面积方差的展开平面与空间曲面在面积原则下最为接近。采用等效板单元有限元方法可以确定具有最小面积方差的展开平面。对于可展曲面,精确展开后,直线长度的方差和三角形面积的方差都为零。裁剪片展开计算也可采用其他有效方法。

5.5.4 将空间膜片展开成平面裁剪片后,可以认为平面裁剪片各单元上具有空间膜片相应单元上的预张应力。显然,这样的应力必然使裁剪片边界节点甚至内部节点上产生不平衡力。采用动力松弛法或有限单元法,通过修正裁剪片几何可以消除这样的不平衡力。应该注意的是,计算时必须采用真实的材料参数。可通过双轴拉伸试验测定膜片的收缩量。

6 连接和节点设计

6.1 一般规定

6.1.1 柔性连接是指膜面边界采用索、带或柔性夹具系统以及它们的组合与支承结构进行连接的方式。刚性连接是指膜面边界采用刚性夹具系统与木材、混凝土或钢结构支承结构进行固定的方式。

6.1.4 膜结构因节点形式和支承结构方式的多样,本标准对允许安装偏差不作具体规定,设计时应根据实际工程提出允许安装偏差值。由于膜材的徐变、应力松弛等特点,在连接构造设计时应考虑张力二次导入的可能。由于张力二次导入,根据不同膜结构有多种方法,所以本条提出了连接构造要适应可能的位移和转动。

6.1.6 在连接构造设计上要考虑调整要求,以消除或降低膜材徐变对结构的影响。

6.2 膜片连接的构造设计

6.2.1 缝合和机械连接易造成截面削弱,故对 PTFE、ETFE 膜面的主要受力缝应采用热融合方法进行连接,对 PVC 膜面的主要受力缝应采用高频焊连接方法进行连接。

6.2.2 膜片之间的连接方法应根据不同膜材来选用不同连接方式。膜片之间连接缝宽度应按连接强度、防水等要求根据不同膜材不同连接方式来确定。根据对 G 类膜材搭接连接进行的拉伸试验研究,当搭接宽度为≥50mm 时,连接处基本可以达到母材的强度。eP 类膜材的合理连接宽度缺少足够的试验数据支撑,现有的试验结果显示,经、纬两个方向的最小连接宽度差异较大,因此,实际工程应用中,应根据本标准第 7.3.7 条要求通过拉伸试验确定合适的搭接宽度。

6.2.6 编绳连接方法仅适用于 PVC 膜材。

6.3 膜面与支承结构连接的构造设计

6.3.8 对于开敞式膜结构较为平坦区域,如可能产生过多积水引起结构安全隐患时,可采用溢流口。

7 制作和安装

7.1 制作技术要求与条件

7.1.1 为保证质量提出膜结构制作应在专业化工厂进行。制作车间应具备较好的洁净、干燥程度,且不可为露天环境。

7.1.2 对于不同膜材,其裁剪、热融合设备及测试设备不一样。因此,制作单位所具备的设备应与承担的所制作的膜材相匹配。

7.2 材料检验

7.2.1 最基本项目为经/纬向抗拉强度、弹性常数、抗剥离强度。

7.2.4 材料性能检查复验,根据不同膜材料由设计单位根据具体工程提出复验项目,最基本项目为经/纬向抗拉强度。有条件时,宜进行双轴抗拉试验来检验供货商提供的弹性常数等。

7.3 膜片的裁剪、连接和节点制作

7.3.1 要求尽可能地采用同批号膜材,可以保证膜结构成品的质量均匀性。

7.3.2 裁剪设计时按初始预张应力和膜材的弹性常数等考虑了尺寸的预留量。但这些数据在不同批次膜材中是不同的,所以必须按最后采用的膜材的材性试验结果与设计时用的材性参数比较;若不符合时,必须按试验结果由制作单位提出的调整裁剪图,经膜结构设计单位同意后进行调整。

7.3.7 膜材连接除满足强度外,为保证达到防水要求,要做到拼

缝面内无杂物、无空隙,拼缝面内无叠皱,拼缝边缘无挤压浆堆积。

7.3.8 膜片在热融合法拼接时,如工艺、温度、操作不当会造成过热烫伤,或拼缝收缩变形、折皱等。因此,在热融合前必须通过试操作方法进行对该批膜材的热融合温度的确定,并明确工艺要求。应根据不同膜材不同批次组合,经试热融合后通过测试确定热融合温度、压力、时间、电流值,走车速度等参数,并填表记录。

7.4 制作成品膜体的包装和运输

7.4.2 膜体的折叠中应考虑膜材料的基材性能,合成纤维作基材的膜材料可折叠,玻璃纤维作基材的膜材料质地较硬不宜折叠。折叠时不能用机械方法。膜体选用的填充材料应干净、不脱色。

7.5 安装施工准备

7.5.3 安装前的检查是指安装之前或展开中。

7.5.4 膜体安装中应注意避免损坏支承骨架防锈、防火涂层;如发生损坏,必须予以补涂。

7.6 膜的安装

7.6.3 膜结构的安装,按详细工序可分为膜体展开、初始连接、初始张拉、全面连接、循序张拉、连接固定。

7.6.2 降雨和降雪会影响膜结构的安装质量及作业安全。当降雨程度为中等雨量或降雪时,应停止安装。

7.6.12 这里的焊接、切削是针对金属材料而言的焊接和切削,如施工点离膜结构过近,很容易损坏膜材,故要求这种加工与膜材应保持一定距离,或采用防护措施。

7.6.14 对于重要或复杂的膜结构工程,应由建设单位委托具有检测资质的机构对膜面安装过程中的支承结构进行应力和变形监测。

7.7 安装质量要求

7.7.5 膜体表面蹭伤检查以单元计。当单元面积大于 $100m^2$,每增加 $200m^2$ 以增加一个单元计算,但每单元蹭伤数不应大于 6 个。对膜体边角、收口等部位,局部褶皱,经设计、制作、安装几方协商不影响安全使用,可不予处理。

8 工程验收

8.1 基本规定

8.1.2 连接件的检验、下部支承结构及预埋件的检验按国家标准和设计要求进行。拉索张力值是指有控制要求的张力值。

8.2 制作分项工程

8.2.5 膜片连接抗拉强度测试试验内容按不同材料和具体工程要求提出。连接部分抗拉强度测试应在已确定的工艺参数下,进行试连接,然后做成试件进行测试,数量按条文要求。

8.3 安装分项工程

8.3.1 对于可能出现的渗漏处或膜片的连接处可进行局部淋水试验,淋水试验的水流及时间要求可根据具体工程提出。

人工检测包括目测及常用工具的测量。

9 维修和保养

膜结构的维修和保养可分成三大类：

第一类是清洁工作，目的是防止污染、腐蚀、影响美观及损害构配件。

第二类是对可能影响使用的维修、保养工作，如排水系统，膜体连接部分、节点的渗漏水、充气膜结构供气系统的检查，连接处有无剥离的检查等。

第三类是可能影响结构安全和寿命的维修、保养工作。膜结构和支承的索结构长期使用时可能产生的影响结构的徐变、松弛等，必须及时维修。各种膜材在其本身有效使用年限到时，必须及时更换均属这一类。

由于膜结构的维修和保养涉及膜结构及支承结构的设计对膜材料的化学、物理特性的了解，在技术上要求很高，所以一定要有专业公司来进行。同时应由承包商会同材料供应商和制作安装单位、设计单位一起编制单项工程的维修保养手册，以保证长期使用的质量。